I0043419

Controle qualité des bétons

Gaelle Claude Ballo

Controle qualité des bétons

Etude du phénomène de ségrégation en construction urbaine

Éditions universitaires européennes

Impressum / Mentions légales
Bibliografische Information der Deutschen Nationalbibliothek: Die Deutsche Nationalbibliothek verzeichnet diese Publikation in der Deutschen Nationalbibliografie; detaillierte bibliografische Daten sind im Internet über http://dnb.d-nb.de abrufbar.

Alle in diesem Buch genannten Marken und Produktnamen unterliegen warenzeichen-, marken- oder patentrechtlichem Schutz bzw. sind Warenzeichen oder eingetragene Warenzeichen der jeweiligen Inhaber. Die Wiedergabe von Marken, Produktnamen, Gebrauchsnamen, Handelsnamen, Warenbezeichnungen u.s.w. in diesem Werk berechtigt auch ohne besondere Kennzeichnung nicht zu der Annahme, dass solche Namen im Sinne der Warenzeichen- und Markenschutzgesetzgebung als frei zu betrachten wären und daher von jedermann benutzt werden dürften.

Information bibliographique publiée par la Deutsche Nationalbibliothek: La Deutsche Nationalbibliothek inscrit cette publication à la Deutsche Nationalbibliografie; des données bibliographiques détaillées sont disponibles sur internet à l'adresse http://dnb.d-nb.de.

Toutes marques et noms de produits mentionnés dans ce livre demeurent sous la protection des marques, des marques déposées et des brevets, et sont des marques ou des marques déposées de leurs détenteurs respectifs. L'utilisation des marques, noms de produits, noms communs, noms commerciaux, descriptions de produits, etc, même sans qu'ils soient mentionnés de façon particulière dans ce livre ne signifie en aucune façon que ces noms peuvent être utilisés sans restriction à l'égard de la législation pour la protection des marques et des marques déposées et pourraient donc être utilisés par quiconque.

Coverbild / Photo de couverture: www.ingimage.com

Verlag / Editeur:
Éditions universitaires européennes
ist ein Imprint der / est une marque déposée de
OmniScriptum GmbH & Co. KG
Heinrich-Böcking-Str. 6-8, 66121 Saarbrücken, Deutschland / Allemagne
Email: info@editions-ue.com

Herstellung: siehe letzte Seite /
Impression: voir la dernière page
ISBN: 978-3-8417-4552-1

Copyright / Droit d'auteur © 2015 OmniScriptum GmbH & Co. KG
Alle Rechte vorbehalten. / Tous droits réservés. Saarbrücken 2015

DEDICACE

A Mes PARENTS M. et Mme BALLO ;

A Mes Sœurs et Mon Frère ;

Et à tous ceux qui me sont chers.

REMERCIEMENTS

Mes sincères remerciements vont à l'endroit de :

- **Dr. Ismaïla GUEYE** Enseignant au 2iE, pour son assistance, sa disponibilité et tous les conseils prodigués pour la réalisation de ce travail;

- **M. Roger Salomon TCHOUEN** Directeur Général Adjoint du LABOGENIE pour m'avoir permis d'effectuer mon projet dans cette structure ;

- **M. MBARGA Luc François** Chef Service Matériaux au LABOGENIE, pour sa disponibilité à répondre à toutes nos questions et à nous fournir tous les documents nécessaires à la bonne rédaction de ce mémoire ;

- **Mme OLINGA Edwige Odile** Ingénieur Chef De Projet, pour sa disponibilité à répondre à toutes nos questions et à nous fournir tous les documents nécessaires à la bonne rédaction de ce document.

LISTE DES ABREVIATIONS

CAA : Caisse Autonome d'Amortissement ;

CCTP : Cahier des Clauses Techniques Particulières ;

CFC : Crédit Foncier du Cameroun ;

2IE : Institut International d'Ingénierie de l'Eau et de l'Environnement ;

LABOGENIE : Laboratoire National de Génie Civil ;

MINHDU : Ministère de l'Habitat et du Développement Urbain ;

SIC : Société Immobilière du Cameroun ;

OPC : Ordonnancement Pilotage Coordination ;

PME : Petites et Moyennes Entreprises.

TABLE DES MATIERES

LISTE DES TABLEAUX

LISTE DES FIGURES

CHAPITRE I : INTRODUCTION

De la volonté politique des grandes ambitions du Cameroun, découlent plusieurs projets ayant pour but de développer tous les secteurs du pays ; dont l'habitat. C'est ainsi que le programme gouvernemental de construction de 10.000 logements sociaux, entre autres est mis sur pieds et l'un de ses maillons le projet de construction de 1300 logements collectifs à OLEMBE – YAOUNDE (entrée Nord de la ville de Yaoundé, voire figure 7 : vue aérienne du site, en annexe 1), a vu le Laboratoire National de Génie Civil (LABOGENIE), dont les principales missions sont décrites en annexe 2, responsable du contrôle qualité des matériaux. C'est dans ce contexte que nous avons effectué un stage de 20 semaines au sein dudit laboratoire, dans l'optique de l'obtention du Master d'Ingénierie 2 en Génie Civil et Infrastructures à l'Institut International d'Ingénierie de l'Eau et de l'Environnement de Ouagadougou.

Ce projet qui s'étend sur la période allant de Janvier 2011 à Août 2012, comprend la réalisation d'un ensemble de soixante cinq (65) immeubles de type R+4 de 20 appartements chacun. Sa configuration est la suivante :

- 36 immeubles de 20 appartements T4 ;
- 12 immeubles de 20 appartements T5 ;
- 17 immeubles de 10 appartements T4 et 10 appartements T5.

Soit un total de 1.300 logements.

Il s'inscrit dans un environnement où l'on observe depuis peu, plusieurs dégâts infrastructurels (rupture des ponts et ouvrages d'art, effondrements des routes et bâtiments, etc.) dus à un ensemble d'opérations mal exécutées qui ne confère pas aux différents ouvrages réalisés, un caractère « **durable** ».

Pour obtenir un ouvrage durable, il faut :

- Utiliser un matériau durable ;
- Concevoir la structure en fonction des facteurs environnementaux ;

- Exercer un bon contrôle de la qualité de matériaux et des techniques de construction.

C'est dans cette optique que nous nous sommes intéressés au contrôle du béton : le béton est le matériau de construction par excellence ; pour pouvoir répondre au mieux aux exigences liées à chaque ouvrage, il nécessite qu'une attention particulière lui soit portée. Raison d'être du présent projet portant sur le « **Contrôle Qualité des Bétons : Etude du phénomène de ségrégation en construction urbaine** ».

La connaissance des propriétés essentielles des bétons, des méthodes de formulation et des prescriptions de mise en œuvre à respecter, sont indispensables pour le suivi de tout ouvrage de bâtiment et travaux publics ; elle constitue de ce fait une démarche qui se veut à la fois préventive et curative face aux multiples contraintes auxquelles ces ouvrages sont soumis.

Les bétons du projet sont constitués de Sable roulé (0/5), de graviers (5/15 et 15/25), de ciments (CPJ 35 et CEM I 42.5R), et d'eau. Il est exigé un béton plastique de résistance caractéristique minimale en compression à 28jours égale à 23Mpa ; un minimum de 19,55 Mpa est admissible.

Lors de notre entrée dans le projet et précisément sur le chantier, nous avons constaté que les bétons déjà réalisés outre une résistance relativement faible présentaient un défaut de parement : des nids de gravier dus au phénomène de ségrégation.

La ségrégation est un phénomène inhérent à l'hétérogénéité du béton qui se trouve soumis à plusieurs manipulations (malaxage, transport, chutes, serrage, etc.). Il en résulte que les éléments constituant le béton ont tendance à se séparer les uns des autres, à se « ségréger » en fonction de leur densité ou de leur grosseur. Il peut engendrer outre des nids de gravier mal enrobés, des défauts de porosité. Il affecte ainsi la durabilité de l'ouvrage et peut entraîner la corrosion des armatures (figure 8 en annexe 3).

8

Mehta et Gerwick dans l'ouvrage intitulé « **Durabilité et Réparations Du Béton GCI – 714** » ont pu regrouper des facteurs de dégradation de bétons en quatre grandes familles.

- Les facteurs reliés à la conception de l'ouvrage ;
- Les facteurs reliés à la mise en œuvre de l'ouvrage ;
- Les facteurs reliés aux caractéristiques des matériaux et du béton ;
- Les facteurs reliés à l'entretien de la structure.

La ségrégation fait partie des facteurs reliés aussi bien à la mise en œuvre de l'ouvrage qu'aux facteurs liés aux caractéristiques des matériaux.

Comment résoudre ce problème ? À partir des hypothèses énoncées dans la suite du travail, nous tenterons de ressortir les causes de ce défaut sur les bétons réalisés d'une part ; et de corriger cela d'autre part.

CHAPITRE II : HYPOTHESES ET OBJECTIFS DU TRAVAIL.

II.1. Hypothèses

- Tout au long de ce projet, nous porterons notre étude sur le matériau béton ; le béton armé ne fera pas l'objet de ce travail ;
- Nous supposons que les conditions de mise en œuvre sont respectées, au vu du caractère gouvernemental du projet ;
- Nous admettons que la formulation proposée par le Laboratoire de contrôle ne répond pas aux critères de compacité maximale;
- les épreuves de convenance donnent les mêmes résultats que les épreuves d'études.

Ainsi, nous nous intéresserons donc au contrôle qualité béton du point de vue des épreuves d'études qui vont de l'identification des différents constituants à la formulation, et des épreuves de contrôle qui consistent à la détermination de l'ouvrabilité, la résistance caractéristique en compression à 28 jours, et le contrôle des parements.

II.2. Objectifs

III.2.1 Objectif global

L'objectif global de cette étude est d'établir une formulation qui prendra en compte aussi bien les critères d'ouvrabilité que de résistance en compression à 28 jours exigés, et permettra d'obtenir des parements ne présentant aucun défaut.

II.2.2 Objectifs spécifiques

Les objectifs spécifiques suivants doivent être atteints :

- Ressortir les études d'identification des différents matériaux employés dans le cadre de ce projet;
- Décrire la méthode de formulation des bétons ;

- Ressortir la formulation du Laboratoire obtenue par cette méthode ;
- Proposer une formulation par la même méthode;
- Analyser les formulations obtenues ;
- Réaliser une analyse comparative des deux formulations ;
- Conclure.

CHAPITRE III : MATERIELS ET METHODES

III.1 - Matériels

Tableau 1 : Essais caractéristiques des granulats et liants, et des bétons

Essais	Buts	Matériels	Normes
Granulats et Ciments			
Module de finesse (MF)	quantifier le caractère plus ou moins fin d'un sable.	- Une série de tamis normalisés ; - Une balance de portée minimale 6 kg, de 1 g de précision.	**NF P18-540**
Equivalent de sable (ES)	mesurer la propreté d'un sable. rend compte globalement de la quantité et de la qualité des éléments fins contenus dans ce sable.	-Un tamis de 5 mm, avec réceptacle ; -Une balance, portée 5 kg, précision 1 g ; - Deux éprouvettes cylindriques transparentes, munies de deux repères à 100 et 380 mm de la base ; -Un bouchon de caoutchouc s'adaptant sur les éprouvettes ; -Un entonnoir à large ouverture pour transvaser l'échantillon ; -Un piston taré de 1 kg ± 5 g ; -Un réglet métallique gradué, de 500 mm de longueur.	**NF P18-598**
Analyse granulométrique (AG)	déterminer la distribution dimensionnelle des grains constituant un granulat dont les	une série de tamis : 0.063, 0.125, 0.25, 0.50, 1, 2, 4, 8, 16, 31.5, 63, 125 ;	**NF P 933 - 1**

	dimensions sont comprises entre **0,063** et **125 mm**.		
coefficient d'aplatissement (C.A)	mesurer la quantité d'éléments plats et allongés ; permet de juger de la forme des grains.	- Une série de tamis normalisés ; -Une balance de portée minimale 6 kg, de 1 g de précision ; - Une série de grilles à Fentes.	**NF P 18-561**
propreté du gravier	met en évidence la présence d'éléments fins dans le gravier et permet de les quantifier.	-Un tamis de 0,5 mm ; -Une balance, portée 5 kg, précision 1 g ; -Une étuve permettant le séchage.	**NF P18-591**
Consistance	déterminer la quantité d'eau à ajouter à un poids de ciment pour obtenir une pâte dite normale.	Appareil de Vicat	**EN 196-3**
Prise	Déterminer le temps au bout duquel on observe le début de solidification du ciment.		**EN 196-3**
Masse volumique apparente	Déterminer la masse du béton et des vides y compris	-entonnoir ; -passoire -un récipient ; -Une balance de portée minimale 6 kg, de 1 g de précision ; - une règle à araser.	
poids spécifique	Déterminer le volume réel occupé par les grains.	-volunomètre de Chatelier ; -récipient ; -bécher.	**NF P 15-442**

Finesse de mouture	Déterminer la surface développée des grains contenus dans une unité de masse donnée.	-Perméabilimètre blaine ; - tamis.	NF P 15-442
résistance à la compression.	permet de déterminer la classe de résistance du ciment.	- 3 éprouvettes prismatiques 4×4×16) ; - presse.	EN 196 - 1
résistance à la traction par flexion	permet de déterminer la résistance du ciment à la traction.		NF P 15-451
Expansion	Permet de s'assurer de la stabilité du ciment	Aiguilles de Le Chatelier.	EN 196 - 3
Bétons			
Slump test	Détermine la plasticité des bétons	Cône d'Abrams, (tige de piquage, entonnoir, plaque de base)	NF P 18-451
résistance à la compression	Détermine la résistance caractéristique à 28jours des bétons	-éprouvettes cylindriques de dimensions 16cm × 32cm; - tige de piquage/aiguille vibrante	NFP 18-400

III.2 - Méthode

La méthode utilisée est celle de **DREUX –GORISSE** ; elle repose sur le principe de la compacité maximale (ou porosité minimale).

III.2.1 Formulation selon Dreux-Gorisse

La méthode de formulation de Dreux-Gorisse permet de déterminer les quantités optimales de matériaux (eau E, ciment C, sable S, gravillon g et gravier G) nécessaires à la confection d'un mètre cube de béton conformément au cahier des charges.

Elle répond à plusieurs critères :

➢ Critère de maniabilité

La maniabilité est caractérisée, entre autre, par la valeur de l'affaissement au cône d'Abrams (Aff.). Il est préconisé un béton plastique (voir tableau ci-dessous);

Tableau 2: Appréciation de la consistance en fonction de l'affaissement au cône.

Affaissement en cm	Plasticité	Désignation	Vibration conseillée	Usages fréquents
0 à 4	Ferme	F	Puissante	Bétons extrudés Bétons de VRD
5 à 9	Plastique	P	Normale	Génie civil Ouvrages d'art Bétons de masse
10 à 15	Très plastique	TP	Faible	Ouvrages courants
16	Fluide	Fl	Léger piquage	Fondations profondes Dalles et voiles minces

➢ Critère de résistance :

Le béton doit être formulé pour qu'à 28 jours sa résistance moyenne en compression atteigne la valeur caractéristique σ'_{28}.

Cette valeur doit, par mesure de sécurité, être supérieure de 15 % à la résistance minimale en compression f_{c28} nécessaire à la stabilité de l'ouvrage.

$$\sigma'_{28} = 1,15 \times f_{c28}$$

➢ Choix du ciment

Le choix du type de ciment est fonction de la valeur de sa classe vraie σ'_c et des critères de mise en œuvre (vitesse de prise et de durcissement, chaleur d'hydratation, etc.). La classe vraie du ciment est la résistance moyenne en compression obtenue à 28 jours sur des éprouvettes de mortier normalisé.

> ➢ **Choix des granulats**

Les granulats à utiliser dans la fabrication du béton doivent permettre la réalisation d'un squelette granulaire à minimum de vides. Il faut en conséquence utiliser des granulats de toutes tailles pour que les plus petits éléments viennent combler les vides laissés par les plus gros.

Description de la méthode de Dreux – Gorisse.

Plusieurs étapes de calcul successives sont nécessaires à l'obtention de la formulation théorique de béton :

Détermination du rapport C/E ;

Détermination de C et E ;

Détermination du mélange optimal à minimum de vides ;

Détermination de la compacité du béton ;

Détermination des masses de granulats.

- **Détermination du rapport C/E**

Le rapport C / E est calculé grâce à la formule de Bolomey :

$$\sigma'_{28} = G'\,\sigma'_C\,(C'E - 0,5)$$

Avec :

σ'_{28} = Résistance moyenne en compression du béton à 28 jours en MPa ;

σ'_c = Classe vraie du ciment à 28 jours en MPa ;

C = Dosage en ciment en kg par m^3 de béton ;

E = Dosage en eau total sur matériau sec en litre par m^3 de béton ;

G' = Coefficient granulaire (Tableau 17 en annexe 3) fonction de la qualité et de la dimension maximale des granulats.

- **Détermination de C**

La valeur de C est déterminée grâce à l'abaque de la figure 1 ci-dessous, en fonction des valeurs de C/E et de l'affaissement au cône d'Abrams.

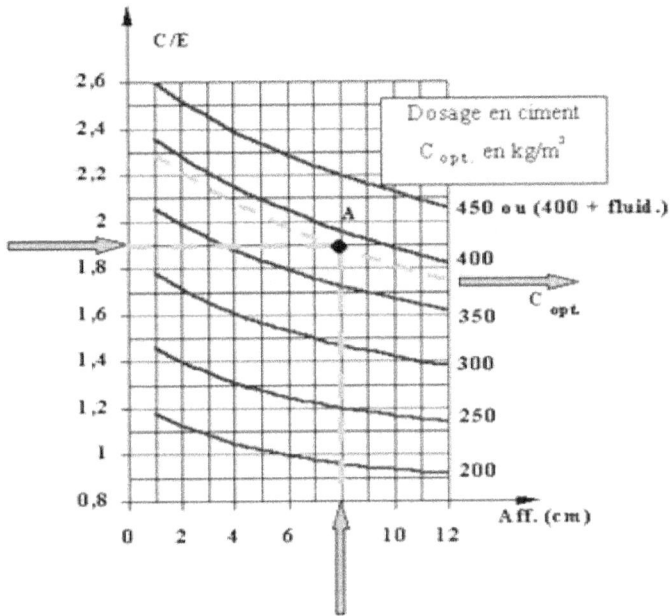

Figure 1 : Abaque permettant la détermination de C_{opt}.

- **Détermination de E**

La quantité d'eau E nécessaire à la confection du béton se calcule grâce aux valeurs de C/E et de C.

Corrections sur le dosage en ciment C et le dosage en eau E

Lorsque la dimension maximale des granulats $D_{max} \in [20; 25]$, une correction sur la quantité de pâte est nécessaire à l'obtention de la maniabilité souhaitée. Les corrections (Tableau 18 en annexe 4) sont à apporter sur les quantités d'eau et de ciment (le rapport C/E reste inchangé).

- **Détermination du mélange optimal à minimum de vides**

Il s'agit de déterminer les pourcentages de sable, de graviers 5/15 et 15/25 qui vont permettre la réalisation d'un squelette granulaire à minimum de vides. Les quantités des matériaux de chaque classe granulaire doivent être judicieuses pour que les plus petits éléments viennent combler les vides laissés par les plus gros. La courbe granulométrique théorique d'un matériau à minimum de vides peut être schématisée par une droite brisée.

La démarche proposée par Dreux pour déterminer le mélange optimum à minimum de vides est la suivante :

- Tracé de la droite brisée de référence ;
- Détermination des pourcentages en volumes absolus de matériaux.

Tracé de la droite de référence de Dreux

Sur un graphique d'analyse granulométrique, on trace une composition granulaire de référence OAB. C'est une droite brisée dont l'origine est **le point 0 origine** du graphe et l'extrémité le point D_{max} caractéristique du plus gros granulat.

Le point de brisure A est défini par son abscisse X et son ordonnée Y :

En abscisse :

- Si D_{max} ù 20 mm $X = D_{max} / 2$
- Si $D_{max} > 20$ mm   Module(X) = (Module(D_{max}) +38) / 2

En ordonnée :

- $Y = 50 - D_{max}^{0,5} + K'$ où $K' = K + K_S + K_P$ sont donnés dans le tableau 19 en annexe 4.

Y est donné en pourcentage de passants cumulés.

Détermination des pourcentages en volumes absolus de matériaux

Pour déterminer les pourcentages en volumes absolus de granulats permettant la confection d'un mélange à minimum de vide il est nécessaire de tracer des droites dites de partage : il s'agit des droites reliant deux à deux les courbes granulométriques des matériaux du mélange. Ces droites sont définies par 5 % de refus pour le matériau à faible granularité et par 5 % de passant pour le matériau à forte granularité. L'intersection des droites ainsi tracées avec la droite brisée de Dreux permet, par prolongement sur l'axe des ordonnées, de déterminer les pourcentages **(Pi)** en volumes absolus de chaque matériau.

- **Détermination de la compacité du béton**

Pour déterminer les masses de granulats entrant dans la composition de béton, il est nécessaire de déterminer la compacité du béton qui correspond au volume absolu en m^3 de solide contenu dans un mètre cube de béton (volumes absolus de ciment, de sable, de gravier 5/15 et 15/25). Sa valeur de base γ_0 est fonction de la taille des granulats, de la consistance du mélange et des moyens de vibration mis en œuvre (Tableau 20 en annexe 4).

D= 25mm, donc γ_0 est trouvé par interpolation, selon la formule suivante :

$$F(y) = \frac{F(y_1) - F(y_2)}{Y_1 - Y_2}(Y - Y_2) + F(Y_2)$$

Des corrections $(c_1; c_2; c_3)$ fonctions de la forme des granulats, de la masse volumique des granulats et du dosage en ciment, doivent être apportées (Tab.20) :

$c = \gamma_0 + c_1 + c_2 + c_3.$

La valeur de la compacité étant connue, les volumes absolus peuvent être déterminés par les formules suivantes :

Volume total absolu (V) = 1000 × c
Volume absolu du ciment (Vc) = C' d_c
Volume absolu des granulats (Vg) = V − Vc

Volume absolu de chaque granulat(Vi) = Pi × Vg

Avec c=compacité ; V en l ; C : dosage en ciment (kg/m³) ; Pi en % ; et d_c =masse spécifique du ciment(t/m³).

- **Détermination des masses de granulats**

Connaissant le pourcentage de chaque granulat, leur volume absolu et leur masse spécifique, on peut déterminer le poids des différents granulats comme ci-après :

Tableau 3 : Masse des granulats selon Dreux.

Nature des granulats	Pourcentage de chaque granulat	volume des granulats	masse spécifique (di) t/m³	masse des granulats en Kg
Sable	g_1	$v_1 = g_1 V^*$	d_1	$P_1 = v_1 d_1$
gravillons	g_2	$v_2 = g_2 V^*$	d_2	$P_2 = v_2 d_2$
graviers	g_3	$v_3 = g_3 V^*$	d_3	$P_3 = v_3 d_3$

Le volume absolu V des granulats est le suivant : V=1000γ - V_c

CHAPITRE IV : RESULTATS

IV.1 - Identification des différents constituants

Tableau 4 : Résultats Essais d'identification du sable.

SABLE				
ALLUVIONNAIRE				
			E.S	
M.F	D.A	D.abs	ES.V	ES.P
2,9	1,435	2,595	96,5	94

Tableau 5 : Résultats Essais d'identification des graviers.

GRAVIERS							
TYPE 5/15				TYPE 15/25			
D.A	D.abs	Propreté (%)	C.A (%)	D.A	D.abs	Propreté (%)	C.A (%)
1,51	2,87	2,4	13,5	1,49	2,9	2	15

Tableau 6 : Résultats Essais d'identification des ciments.

CIMENT													
QUIFEUROU CEM I GOLTAS 42.5R													
Ref us à 80 (%)	Surface spécifique Blaine (SSB) (cm²/g)	D.A	D.abs	Expansion		résistance en traction(Mpa)			résistance en compression (Mpa)			Prise	
				chaud	froid	2j	7j	28j	2j	7j	28j	Début	Fin
0,975	3874	0,9575	3,0275	0	0	8,275	9,975	13	33	45,75	58	3h23 min	4h33 min
CIMENCAM CPJ 35													
0,52	3708	0,915	3,01	0	0	4,65	7,15	11,5	16,5	28,5	42	3h08 min	4h55 min

Tableau 7 : Résultats de l'Analyse granulométrique.

ANALYSE GRANULOMETRIQUE																
Modules	20	23	26	29	32	35	38	39	40	41	42	43	44	45	46	47
Ouverture des tamis (mm)	0,08	0,16	0,315	0,63	1,25	2,5	5	6,3	8	10	12,5	16	20	25	31,5	40
Tamisât cumulés (%) Sable	0,8	1,3	6,3	34,2	77,7	94,3	98,5	99,2	99,4	100						
TC Gravier 5/15						1,2	2,55	3,5	16	31,6	58	92,6	100			
TC Gravier 15/25							0	0,25	0,75	0,8	2,55	14,6	57,45	98,6	100	

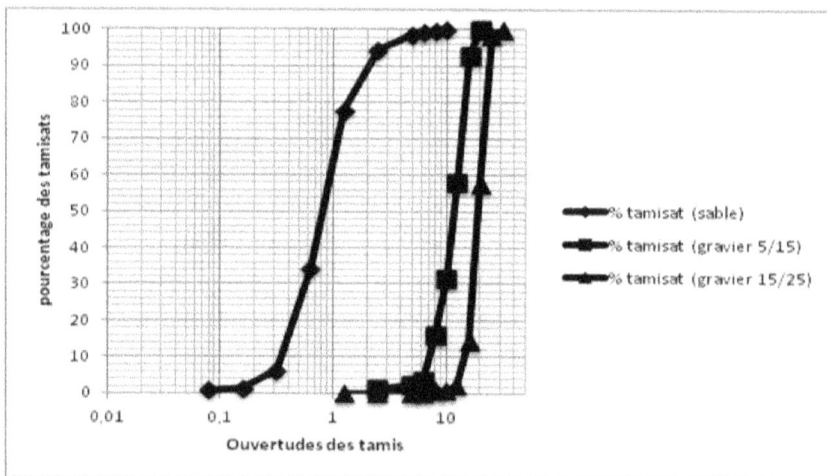

Figure 2: Courbe granulométrique.

Tableau 8: Résultats de l'Analyse de l'eau.

| Référence | Paramètres | Agressivité | | | Résultats |
		Faible	Forte	Très forte	
Norme allemande DIN N° 4030	Odeur	/	/	/	RAS
	Goût	/	/	/	RAS
	Valeur du PH	6.5 à 5.5	5.5 à 4.5	< 4.5	6.4
	CO2 agressif (mg/l)	15 à 30	30 à 60	> 60	5.6
	Magnésium Mg^{2+} (mg/l)	100 à 300	300 à 1500	>1500	6.3
	Sulfates SO_4^{2-} (mg/l)	200 à 400	600 à 3000	>3000	NUL
	Ammonium NH_4^+ (mg/l)	15 à 30	30 à 60	>60	2.3

IV.2 - Formulation des bétons.

Tableau 9: Paramètres de formulation.

Résistance visée: σ'_{28}	26,45 MPa.
G'	0,5
$\dfrac{C}{E}$	CPJ35 ☐ 1,759 CEM I 42.5 R ☐1,412
C	CPJ35 $\begin{cases} A = 6cm \implies C = 350kg/m^3 \\ A = 10cm \implies C = 360kg/m^3 \end{cases}$ CEM I 42.5 R $\begin{cases} A = 6cm \implies C = 275kg/ \\ A = 10cm \implies C = 300kg/ \end{cases}$

En Milieu exposé sans agressivité particulière.

$$C_{min}(kg/m^3) = max\left[\frac{250 + 10\sigma'_{28}}{\sqrt[5]{1,25D_{max}}} ; \frac{550}{\sqrt[5]{1,25D_{max}}}\right]$$

$$C_{min}(kg/m^3) = max\left[\frac{250 + 10 \times 26,45}{\sqrt[5]{1,25 \times 25}} ; \frac{550}{\sqrt[5]{1,25 \times 25}}\right] = max[249,43 ; 276,31]$$

$$C_{min}(kg/m^3) = 276,31 \ kg/m^3$$

C_{retenu}	CPJ35 □350 kg/m³
	CEM I 42.5 R □300kg/m³
E	CPJ35 □199 l
	CEM I 42.5 R □212,5 l

Droite brisée de référence (ou droite de DREUX)

Coordonnées CPJ 35 :
O (0,08 ; 0%) ; A (11,25 ; 47,4%) ; B (25 ; 100%).

Coordonnées CEM I 42.5 R :
O (0,08 ; 0%) ; A (11,25 ; 49,4%); B (25 ; 100%).

pourcentages en volumes absolus de matériaux

CPJ 35 :   Sable : 39% ; Gravier 5/15 : 31% ; Gravier 15/25 : 30%.

CEM I 42.5 R :   Sable : 40% ; Gravier 5/15 : 30% ; Gravier15/25 : 30%.

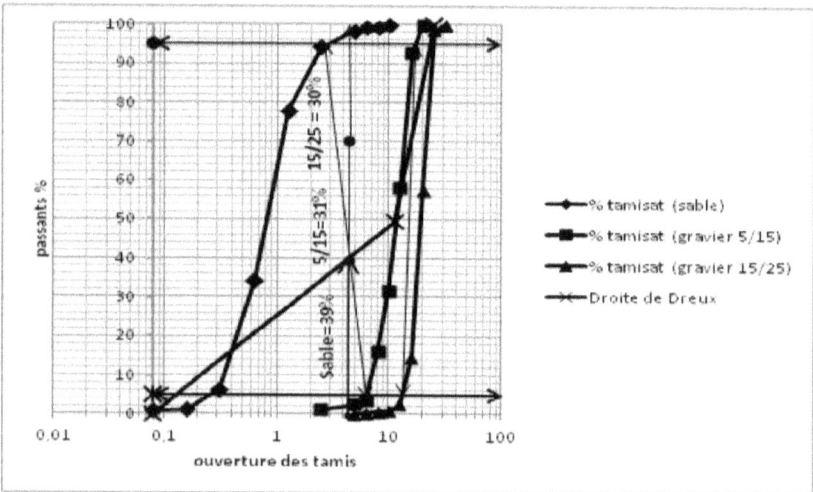

Figure 3: Droite de référence CPJ35 ; pourcentage (en volume absolu de chaque granulat).

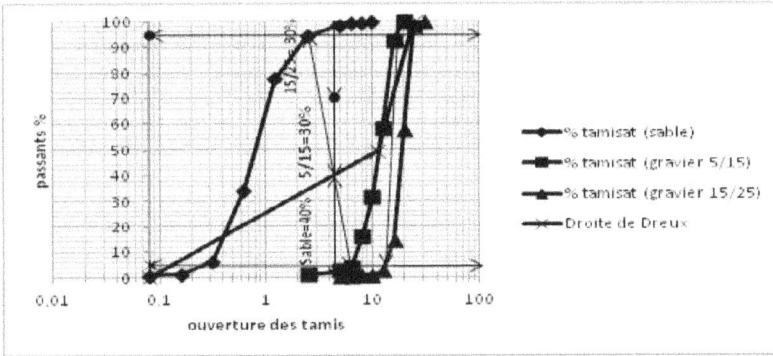

Figure 4: Droite de référence CEM I 42.5R ; pourcentage (en volume absolu de chaque granulat).

➢ Formulation proposée par le laboratoire de contrôle.

Tableau 10: Formulation CPJ 35.

CPJ 35						
c	M (kg) Ciment	M (kg) Sable	M (kg) Gravier 5/15	M (kg) Gravier 15/25	Eau (l)	Masse volumique (kg)
0,817	350	709,34	623,59	609,78	199	2491,71

Tableau 11: Formulation CEM I 42.5R

CEM I 42.5R						
c	M (kg) Ciment	M (kg) Sable	M (kg) Gravier 5/15	M (kg) Gravier 15/25	Eau (l)	Masse volumique (kg)
0,807	300	735,07	609,73	616,10	212,5	2473,4

Tableau 12: Récapitulatif des résultats des essais de compression (NF P 18 406).

Parties d'ouvrage	dosage (Kg/m³)	N° éprouvette	Age (Jours)	Slump Test (cm)	Résistances en compression (Mpa)	
					Valeurs	Moyenne
Poutres	300	1	7	6	16	17
		2			18	
		3			17	
Poteaux		4			16	17
		5			18	
		6			16	
Nervures et nappe de compression		7		10	16	17
		8			17	
		9			17	
Poutres	300	1	28	6	20	21
		2			21	
		3			22	
Poteaux		4			24	23
		5			22	
		6			24	
Nervures et nappe de compression		7		10	22	22
		8			21	
		9			22	

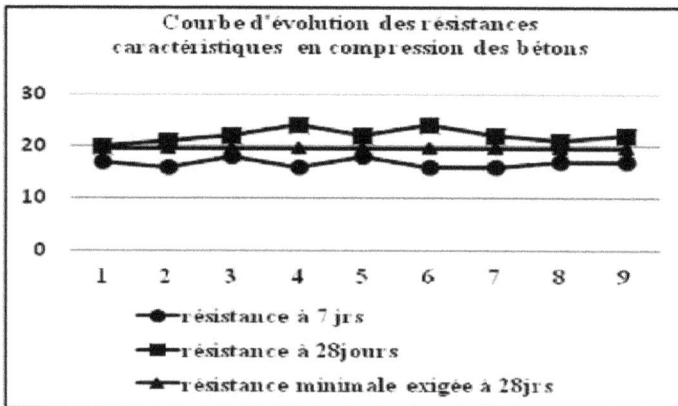

Figure 5: courbe d'évolution des résistances en compression obtenues (formulation Labogenie).

Détermination de la compacité

Vibration normale : $\begin{cases} D = 20mm \rightarrow C = 0{,}825 \\ D = 31{,}5\,mm \rightarrow C = 0{,}83 \end{cases}$ *(voire tableau 20 annexe 4)*

Par interpolation nous trouvons, pour D=25mm ;

$c = 0{,}827$

- Sable roulé et gravier concassé

C1= -0,01 ;

- Pour C 350kg/m^3.

$c_2 = \dfrac{300 - 350}{5000} = -0{,}01$

Le coefficient de compacité vaut donc :

CPJ 35

$c = 0{,}827 - 0{,}01 = 0{,}817$

CEM I 42.5 R

$c = 0{,}827 - 0{,}01 - 0{,}01 = 0{,}807$

➢ **Note de calcul CPJ35**

Tableau 13: Calculs CPJ 35.

densité absolue ciment $D_{abs\,C}$	3,01
volume absolu ciment $Vc = C/D_{abs\,C}$ (l)	116,2790698
volume absolu granulats $V = 1000 - Vc$ (l)	700,8948433
volume absolu sable $Vs = S\% * V$ (l)	273,3489889
volume absolu gravier 5/15 $Vg = g\% * V$ (l)	217,2774014
volume absolu gravier 15/25 $VG = G\% * V$ (l)	210,268453
Densité absolu sable $D_{abs\,S}$	2,595
Densité absolue Gravier 5/15 $D_{abs\,g}$	2,87
Densité absolue Gravier 15/25 $D_{abs\,G}$	2,9

masse de sable (kg)	709,3406261
masse de gravier 5/15 (kg)	623,5861421
masse de graviers 15/25 (kg)	609,7785137
Eau totale (kg)	198,8636364
Ciment (kg)	350

> **Condition sur G :**

$\frac{Gravier}{Sable}$ = **1,7** (L'abaque expérimental C.E.S. donne une valeur moyenne normale du rapport G/S en fonction de D et du dosage en ciment; cet abaque est représenté sur la figure 9 en annexe 4).

Le rapport $\frac{Gravier}{Sable}$ correspond au rapport des volumes absolus qui correspondent aux poids si G et S ont même poids spécifique.

Nous obtenons les équations suivantes :

$V_g + V_G = 1,7\ V_s$

$S\% + g\% + G\% = 1$ avec $S\% = V_s/V$; $g\% = V_g/V$ $G\% = V_G/V$

$\Rightarrow \frac{V_S}{V} + \frac{1}{V}(V_g + V_G) = 1$

$\Rightarrow \frac{V_S}{V} + \frac{1,7 V_S}{V} = 1 \Rightarrow S\% = \frac{1}{2,7}\% = 37\%$

Donc les pourcentages absolus définitifs sont les suivants :

- **Sable : 37% ; Gravier 5/15 : 31% ; Gravier 15/25 : 32%.**

Et les masses suivantes ont été trouvées :

- **Sable : 672,96 kg ; 5/15 : 623,59kg ; 15/25 : 650,43kg**

Tableau 14: Calculs CEM I 42.5R.

densité absolue ciment $D_{abs\ C}$	3,03
volume absolu ciment $Vc = C/D_{abs\ C}$ (l)	99,00990099
volume absolu granulats $V = 1000 - Vc$ (l)	708,1640121
volume absolu sable $Vs = S\% * V$ (l)	283,2656048
volume absolu gravier 5/15 $Vg = g\% * V$ (l)	212,4492036
volume absolu gravier 15/25 $VG = G\% * V$ (l)	212,4492036
Densité absolue sable $D_{abs\ S}$	2,595
Densité absolue Gravier 5/15 $D_{abs\ g}$	2,87
Densité absolue Gravier 15/25 $D_{abs\ G}$	2,9
masse de sable (kg)	735,0742445
masse de gravier 5/15 (kg)	609,7292144
masse de graviers 15/25 (kg)	616,1026905
Eau totale (kg)	212,4645892
Ciment (kg)	300
Densité théorique du béton frais $_0$	**2,473370739**

➤ **Condition sur G :**

$\frac{Gravier}{Sable} = 1,6$ (L'abaque expérimental C.E.S donne une valeur moyenne normale du rapport *GRAVIER/SABLE* en fonction de D et du dosage en ciment; cet abaque est représenté sur la figure 9 en annexe 4).Le rapport $\frac{Gravier}{Sable}$ correspond au rapport des volumes absolus qui correspondent aux poids si G et S ont même poids spécifique.

Nous obtenons les équations suivantes :

$V_g + V_G = 1,6\ V_s$
$S\% + g\% + G\% = 1$ avec $S\% = V_s/V$; $g\% = V_g/V$ $G\% = V_G/V$
$\Longrightarrow \frac{V_S}{V} + \frac{1}{V}(V_g + V_G) = 1$

$$\Rightarrow \frac{V_S}{V} + \frac{1,6V_S}{V} = 1 \Rightarrow S\% = \frac{1}{2,6}\% = 38\%$$

Donc les pourcentages absolus définitifs sont les suivants :

Sable : 38% ; Gravier 5/15 : 30% ; Gravier 15/25 : 32%.

Et les masses suivantes ont été trouvées :

Sable : 698,32 kg ; 5/15 : 609,73 kg ; 15/25 : 657,18kg.

Tableau 15: Récapitulatif des dosages théoriques obtenus pour 1m³ de béton.

	CIMENT Kg	SABLE (0/5) Kg	Gravier (5/15) Kg	Gravier (15/25) Kg	Eau (L)	Masse volumique (Kg)
CPJ 35	350	672,96	623,59	650,43	*199*	2495,98
CEM I 42.5R	300	698,32	609,73	657,18	*212,5*	2477,73

A ces constituants il est ajouté un **adjuvant plastifiant de la famille des polymères.**

Tableau 16: Récapitulatif des résultats des essais de compression (NF P 18 406).

Parties d'ouvrage	dosage (Kg/m³)	N° éprouvette	Age (Jours)	Slump Test (cm)	Résistances en compression (Mpa)	
					Valeurs	Moyenne
Poutres		1			19	19
		2			20	
		3		6	19	
Poteaux	300	4	7		26	25
		5			26	
		6			24	
Nervures et nappe de compression		7			22	21
		8		10	22	
		9			20	
Poutres		1			27	26
		2			27	
	300	3	28	6	24	
Poteaux		4			31	30
		5			29	
		6			30	

Nervures et nappe de compression		7		10	28	27
		8			27	
		9			27	

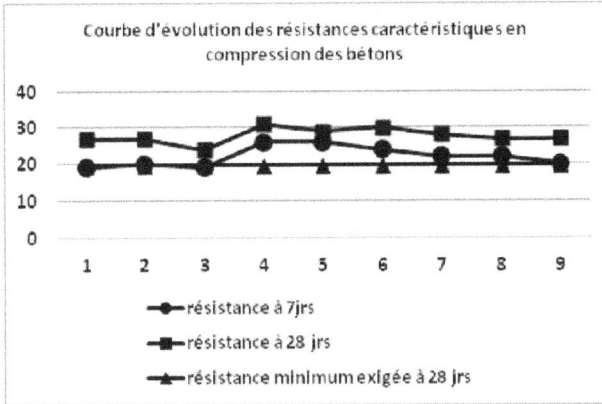

Figure 6: Courbe d'évolution des résistances en compression obtenues.

CHAPITRE V : ANALYSES /DISCUSSION

Il s'agira pour nous de juger ici de la pertinence des études menées et des résultats obtenus ; de comparer ces derniers avec ceux obtenus par le Labogénie. Cette comparaison se fera à partir de la méthodologie développée plus haut, et aura pour but principal de faire ressortir les limites des travaux menés dans le cadre de cette étude.

V.1 - Analyse critique des études

V.1.1 - Identification des matériaux

➤ Sable

A l'exploitation des tableaux 21, 22 de l'annexe 5, nous pouvons dire que : le sable est peu grossier, très propre, bien gradué, bon pour béton courant assez résistant, mais moins maniable.

➤ Gravier

Les graviers sont propres (≤ *3%*), avec des bonnes formes (C.A ≤ *20%*), et bien gradués.

➤ Ciment

Les ciments sont fins ; leurs finesses de mouture sont supérieures à 3500 cm^2/g, ce qui a pour conséquence de donner des résistances élevées et précoces :
fc$_{28}$ = 33Mpa à 2jrs pour CEM I 42.5R, et fc$_{28}$ = 16,5 Mpa à 2jrs pour CPJ 35.
Le risque de retrait, et par conséquent la fissuration, ainsi qu'un éventement du ciment sont accrus. Ils sont stables (expansion nulle), avec une prise normale : ils sont conformes à la norme **NF P15 – 301**.

➤ Eau

Elle est propre, bonne pour emploi.

Conclusion : l'identification de ces constituants permet de dire que les bétons à confectionner courent le risque d'avoir un défaut de maniabilité : ainsi, le dosage en eau devra être bien jaugé, et les conditions de mise en œuvre respectées, afin que la plasticité désirée soit obtenue.

V.1.2 -   Analyse comparative des résultats obtenus

Les bétons obtenus par les deux formules sont classiques (masses volumiques allant de 2000 à 2600 kg/m^3).

La formulation proposée par le laboratoire met un accent sur l'ouvrabilité des bétons, ce qui explique que les épreuves de contrôle aient donné des affaissements de 6cm pour les poutres et poteaux ; et 10 cm pour les nervures et la nappe de compression. Cependant, les résistances obtenues bien qu'au dessus du minimum souhaité, sont faibles et il est observé le phénomène de ségrégation.

La ségrégation a entrainé la chute de résistance des bétons.

Pour la formulation établie personnellement, nous avons utilisé la même méthode (DREUX-GORISSE). Afin de déterminer la position idéale du point de brisure de la courbe de référence de Dreux, et de ce fait déterminer une meilleure répartition volumique des matériaux, nous avons utilisé l'abaque expérimental donnant la valeur moyenne du rapport Gravier/Sable en fonction du diamètre du plus gros granulat et le dosage en ciment. Ce qui a donné une meilleure composition du béton : le rapport Gravier/Sable a augmenté, la qualité de sable a diminué au profit du gravier 15/25 ce qui a eu pour effet d'augmenter les résistances. De plus avec l'utilisation d'un adjuvant plastifiant, la plasticité du béton a été maintenue.

Et aucun phénomène de ségrégation n'a été observé.

A l'analyse de ces deux formulations nous nous rendons compte que :

-     Le Laboratoire n'a pas considéré le rapport Gravier/Sable comme étant un facteur important pour la détermination des différents dosages, ce qui s'explique, vu qu'il est démontré que ce paramètre n'a vraiment d'influence que lorsqu'on a $\frac{Gravier}{Sable} \geq 2,2$. Mais il n'en demeure pas moins qu'il est important de le considérer, en vue d'une harmonisation des résultats obtenus préalablement ;

- Dans la formulation proposée par le Laboratoire, l'ouvrabilité et les résistances évoluent inversement : en effet, les essais de contrôle ont montré que bien que la plasticité désirée a été atteinte, les résistances caractéristiques quant à elles ont évolué lentement malgré des granulats jugés idéaux pour bétons, et des résistances précoces élevées ;

- L'apparition de la ségrégation traduit un surdosage sur le squelette des bétons ;

- Dans la seconde formule, la plasticité est restée la même, et les résistances ont augmenté dépassant largement le seuil minimum, donc la composition faite a permis d'obtenir le mélange optimal à minimum de vides.

V.2 - Discussion

La ségrégation a été observée pour les premiers bétons formulés ; pour palier à ce problème, il fallait considérer : l'ouvrabilité des bétons, qui devait rester la même, vu que les valeurs exigées ont été atteintes ; et la résistance caractéristique en compression à 28 jrs, qui devait augmenter.

Nous avions donc plusieurs choix :

- Augmenter le dosage en ciment ;
- Diminuer le dosage en eau mais il est impératif de maintenir une plasticité suffisante, faire appel à un adjuvant fluidifiant ;

- Augmenter la résistance en diminuant le dosage en élément fin du sable au profit des éléments plus gros (augmenter du module de finesse) ; mais dans ce cas, il faut faire attention à la diminution de l'ouvrabilité ;

- Augmenter le rapport **Gravier/Sable** en diminuant un peu de la qualité de sable au profit du gravier, il suffit d'abaisser un peu le point A de la courbe de référence.

C'est cette dernière option qui a été choisie, à laquelle nous avons associé l'utilisation d'un adjuvant plastifiant ayant pour rôle d'augmenter la résistance en maintenant la maniabilité.

Les résultats obtenus par cette formulation sont satisfaisants, et les parements ne présentent aucun défaut.

Cependant, nous constatons que les pourcentages en volumes absolus définitifs retenus ne présentent pas une différence importante (moins de 5%) par rapport aux premiers ; est ce que la mise en œuvre, qui est un facteur important pour l'assurance d'un parement parfait, n'a pas été faite selon les normes ? est ce que les moyens matériels mis en œuvre pour assurer les opérations de malaxage, transport et coulage ont été préalablement contrôlés et ont reçu l'accréditation du Maître d'Ouvrage et du laboratoire responsable des matériaux ? est ce que le personnel ouvrier en charge de ces opérations est qualifié ?

CHAPITRE VI : CONCLUSION ET RECOMMANDATIONS

Le Cameroun, pays en pleine construction est sujet depuis une décennie à de nombreux dégâts infrastructurels causés entre autre par une mauvaise étude des différents matériaux de construction utilisés.

Dans le cadre du « **Contrôle qualité des bétons : Etude du phénomène de ségrégation en construction urbaine** », il a été question de déterminer les causes de la ségrégation observée et des faibles résistances que présentaient les bétons (ce qui ne leur conférait pas le caractère durable recherché) et d'y apporter une solution pour la suite du projet.

Ainsi, à partir de la méthode de DREUX-GORISSE, dont le principe est basé sur la compacité maximale(ou porosité minimale), nous avons formulé des bétons en mettant un accent sur le rapport GRAVIER/SABLE, et avec l'utilisation d'un adjuvant plastifiant, nous avons retenu comme formule idéale :

> **CPJ 35**

Sable : 672,96 kg ; 5/15 : 623,59kg ; 15/25 : 650,43kg

> **CEM I 42.5R**

Sable : 698,32 kg ; 5/15 : 609,73 kg ; 15/25 : 657,18kg

Les résultats obtenus, de l'identification des différents constituants aux formulations ci-dessus sont satisfaisants : les résistances caractéristiques en compression à 28 jours sont de l'ordre de 26 à 30Mpa, et les valeurs trouvées définissant l'ouvrabilité sont de 6cm pour les poutres, poteaux, et 10cm pour les nervures et la nappe de compression.

Le phénomène de ségrégation ne s'observe plus sur les parements.

L'étude comparative faite entre la formulation élaborée par le Laboratoire, et celle proposée dans notre projet, a permis de souligner que le rapport Gravier/Sable bien que négligeable (lorsqu'il est inférieur à 2,2), est important car il permet de déterminer la répartition idéale des granulats (par détermination de la position exacte du point de brisure de la courbe de référence).

Nous pouvons donc dire que la ségrégation observée émanait dans une certaine mesure de la première formulation proposée.

Mais elle ne semble pas être la principale cause :

En effet, le rapport Gravier/Sable n'apporte qu'une légère différence sur la répartition en volume absolu des différents granulats (moins de 5%, mêmes masses volumiques), ce qui nous emmène à penser que le phénomène de ségrégation observé serait également du au non respect des conditions de mise en œuvre détaillées en annexe 6, pendant les épreuves de convenance (contrairement aux hypothèses émises).

Il ressort que, la ségrégation est un phénomène difficile à prévoir (peut avoir plusieurs origines). Aussi, pour limiter son apparition autant que se peut, le processus de contrôle qualité du béton qui a pour but de le rendre durable doit être fait de façon minutieuse. De ce fait, un ensemble d'opérations est à mener:

- Le contrôle des granulats de la livraison à la l'identification et à la formulation : le processus constitue les épreuves d'études ;
- Le contrôle des opérations de bétonnage ;
- Le contrôle interne portant sur la fabrication et la mise en œuvre.

Le respect de toutes ces étapes, associé à l'utilisation des matériels adéquats, et un personnel qualifié garantissent des bétons durables aptes à répondre aux contraintes à eux soumis.

Raison pour laquelle, il a été prescrit aux différents entrepreneurs la mise en application rigoureuse des plans d'Assurance Qualité conformément aux prescriptions faites par le laboratoire de contrôle ; ces plans décrivent entre autres:

- toutes les opérations à mener à chaque phase du projet ;
- tous les matériels et matériaux à utiliser par phases, qui devront être validés par le maître d'œuvre et/ou le bureau de contrôle des matériaux ;
- tout le personnel en charge des différentes tâches liées au projet.

A noter : L'utilisation de l'adjuvant s'est imposée pour les bétons réalisés à la suite de cette étude (après que le constat ait été fait sur la non application des règles de mise en œuvre prescrites à chaque entreprise). Cependant dès lors que ces entreprises sont passées à l'application de pleurs plans d'assurance qualité préalablement validés par le laboratoire, l'obligation d'utilisation d'un adjuvant plastifiant a été levée. Les bétons réalisés dès lors répondaient toujours aux exigences spécifiées dans le cctp.

Les bétons ségrégés quant à eux ont subit des ragréages, à base du SIKALATEX.

BIBLIOGRAPHIE ET WEBOGRAPHIE

Ouvrages et articles

1. Collection Technique Cimbéton, Ciment et Béton ;

2. Collection Technique Cimbéton, fiches techniques, Tome 2 ; Les bétons : formulation, fabrication et mise en œuvre ;

3. R Lanchon ; Cours de Laboratoire Granulats-Bétons-Sols, Tomes 1 et 2 ; Editions Casteilla-Paris 1988 ;

4. F. Gabrysiak « Matériaux, Les Bétons, Chapitre 4 » ;

5. Jean FESTA et Georges DREUX « Nouveau Guide du Béton et de ses Constituants » EYROLLES, Novembre 2006 ;

6. le fascicule 65 du CCTG : Exécution des ouvrages de Génie Civil en béton armé ou précontraint, 2008;

7. M.A.J CALLAUD Cours de technologie de construction tome 3 « les matériaux », Juillet 2003 ;

8. Mehta et Gerwick « Durabilité et Réparations Du Béton GCI – 714 » ;

9. M. GHOMARI F. & Mme BENDI-OUIS A « Travaux Pratiques, Cours de sciences des matériaux de construction » ; UNIVERSITE ABOUBEKR BELKAID, 2009 ;

9. Pr. GHOMARI Fouad « cours sur les matériaux de construction » ; UNIVERSITE ABOUBEKR BELKAID, 2009.

Sites internet

1. Internet SETRA [En ligne]. - 23 Mars 2011. - http://www.setra.equipement.gouv.fr/;

2. Techniques de l'Ingénieur - Ressources documentaire pour les Ingénieurs – Documentation technique [En ligne].-03 Mai 2012. http://www.techniques-ingenieur.fr/;

3. Google Earth [En ligne]. -01Mai 2012.-Image satellitaire du 1er Avril 2012 ;

4. Forums de génie civil : Génie civil 4shared-Mars 2012, www.civilmania.com - Mars 2012, www.cours-genie-civil.com-Mars 2012.

ANNEXES

SOMMAIRE DES ANNEXES

ANNEXE 1 : VUE AERIENNE DU SITE DU PROJET.

Figure 7: Vue aérienne du site du projet de construction de 1300 logements sociaux Olembé. Source : google earth 2012.

ANNEXE 2 : MISSIONS DU LABOGENIE.

REPUBLIQUE DU CAMEROUN   PAIX – TRAVAIL - PATRIE
          ------------   ------------

DECRET N° 2 0 0 7 / 2 9 9
                                          DU   1 2 NOV 2007
portant   transformation   du   Laboratoire
National de Génie Civil.-

LE PRESIDENT DE LA REPULIQUE,

Vu la Constitution ;
Vu la loi n° 99/016 du 22 décembre 1999 portant statut général des
     etablissements publics et des entreprises du secteur public et
     parapublic ;
Vu la loi n° 99/017 du 22 décembre 1999 régissant le contrôle de qualité des
     sols, des matériaux de construction et des études géotechniques ;
Vu   le décret n° 2004/320 du 8 décembre 2004 portant organisation du
     Gouvernement ;
Vu le décret n° 2007/268 du 07 septembre 2007 modifiant et complétant
     certaines dispositions du décret n° 2004/320 du 08 décembre 2004
     portant organisation du Gouvernement,

DECRETE :

ARTICLE 1er.- Le Laboratoire National de Génie Civil en abrégé
« LABOGENIE » est, à compter de la date de signature du présent décret,
transformé en société à capital public ayant l'Etat comme actionnaire unique.

ARTICLE 2.- (1) Le LABOGENIE est placé sous la tutelle technique du
Ministère chargé des travaux publics et sous la tutelle financière du Ministère
chargé des finances.

          (2) Son siège social est fixé à Yaoundé.

          (3) Des structures annexes du LABOGENIE peuvent, en tant
que de besoin, être créées dans d'autres localités du territoire national.

ARTICLE 3.- Le LABOGENIE a pour missions :

     d'apporter au ministère chargé des travaux publics, un appui pour
     les contrôles périodiques auprès des laboratoires privés de génie
     civil agréés, en vue du respect des prescriptions techniques ;
     de mener, en liaison avec les ministères et organismes concernés,
     les études géotechniques des sites, dans le cadre de la prévention

et plus generalement, de procéder à toutes opérations d'études et de recherche se rattachant directement ou indirectement à son objet social, ou encore susceptibles d'en faciliter la réalisation ou le developpement.

ARTICLE 4.-Les statuts du LABOGENIE sont approuvés par décret du Président de la République.

ARTICLE 5.- (1) Le patrimoine du LABOGENIE est composé de biens meubles et immeubles affectés par l'Etat ou acquis par le LABOGENIE en vue de la réalisation de ses missions.

(2) Les biens du domaine public et du domaine national, ainsi que ceux du domaine privé de l'Etat, transférés au LABOGENIE, conformément à la réglementation en vigueur conservent leur statut d'origine.

(3) Les biens du domaine privé transférés en propriété sont intégrés de façon définitive dans le patrimoine du LABOGENIE.

ARTICLE 6.- Sont abrogées toutes dispositions antérieures contraires au présent décret, notamment celles du décret n° 80/251 du 10 juillet 1980 portant réorganisation du Laboratoire des Travaux Publics du Cameroun.

ARTICLE 7.-Le présent décret sera enregistré, publié suivant la procédure d'urgence, puis inséré au Journal Officiel en français et en anglais./-

YAOUNDE, le 1 2 NOV 2007

LE PRESIDENT DE LA REPUBLIQUE,

PAUL BIYA

43

ANNEXE 3 : SEGREGATION DES BETONS.

Figure 8: Nids de gravier et corrosion des armatures observés sur les poutres et nervures.

ANNEXE 4 : METHODE DREUX GORISSE.

Tableau 17: Coefficient granulaire G en fonction de la qualité et de la taille maximale des granulats D_{max}.

Ces valeurs supposent que le serrage du béton sera effectué dans de bonnes conditions (Par vibration en principe).

Qualité des granulats	Dimension D_{max} des granulats		
	Fins D_{max} 16 mm	Moyens 20 D_{max} 40 mm	Gros D_{max} 50 mm
Excellente	0,55	0,60	0,65
Bonne, courante	0,45	0,50	0,55
Passable	0,35	0,40	0,45

Tableau 18: Correction du dosage en eau en fonction de la dimension maximale D des granulats.

Dimension maximale des granulats D en mm	5	8 à 10	12,5 à 16	20 à 25	30 à 40	50 à 63,5	80 à 100
Correction sur le dosage en eau (%)	+15	+9	+4	0	-4	-8	-12

Tableau 19: K, fonction de la forme des granulats, du mode de vibration et du dosage en ciment.

Vibration		Faible		Normale		Puissante	
Forme des granulats (du sable en particulier)		Roulé	Concassé	Roulé	Concassé	Roulé	Concassé
Dosage en Ciment	400 + Fluid	- 2	0	- 4	- 2	- 6	- 4
	400	0	+ 2	- 2	0	- 4	- 2
	350	+ 2	+ 4	0	+ 2	- 2	0
	300	+ 4	+ 6	+ 2	+ 4	0	+ 2
	250	+ 6	+ 8	+ 4	+ 6	+ 2	+ 4
	200	+ 8	+ 10	+ 6	+ 8	+ 4	+ 6

NOTA 1 : *Correction supplémentaire Ks :* Si le module de finesse du sable est fort (sable grossier) une correction supplémentaire sera apportée de façon à relever le point A, ce qui correspond à majorer le dosage en sable et vice versa. La correction supplémentaire (sur K) peut être effectuée en ajoutant la valeur Ks = 6 Mf – 15 ; Mf peut varier de 2 à 3 avec une valeur optimale de l'ordre de 2,5 pour laquelle la correction préconisée est alors nulle).

NOTA 2 : *Correction supplémentaire Kp :* Si la qualité du béton est précisée « pompable », il conviendra de conférer au béton le maximum de plasticité et de l'enrichir en sable par rapport à un béton de qualité « courant ». On pourra pour cela majorer le terme correcteur K de la valeur Kp = + 5 à 10 environ, selon le degré de plasticité désiré.

Tableau 20: Compacité du béton en fonction de D_{max}, de la consistance et du serrage.

Consistance	Serrage	compacité ()						
		D= 5	D= 10	D=12,5	D = 20	D=31,5	D = 50	D= 80
Molle (TP-Fl)	Piquage	0,750	0,780	0,795	0,805	0,810	0,815	0,820
	Vibration faible	0,755	0,785	0,800	0,810	0,815	0,820	0,825
	Vibration normale	0,760	0,790	0,805	0,815	0,820	0,825	0,830
Plastique (P)	Piquage	0,760	0,790	0,805	0,815	0,820	0,825	0,830
	Vibration faible	0,765	0,795	0,810	0,820	0,825	0,830	0,835
	Vibration normale	0,770	0,800	0,815	0,825	0,830	0,835	0,840
	Vibration puissante	0,775	0,805	0,820	0,830	0,835	0,840	0,845
Ferme (F)	Vibration faible	0,775	0,805	0,820	0,830	0,835	0,840	0,845
	Vibration normale	0,780	0,810	0,825	0,835	0,840	0,845	0,850
	Vibration puissante	0,785	0,815	0,830	0,840	0,845	0,850	0,855

Nota :

* Ces valeurs sont convenables pour des granulats roulés sinon il conviendra d'apporter les corrections suivantes :
  Sable roulé et gravier concassé (c_1 = - 0,01)
  Sable et gravier concassé (c_1 = - 0,03)
* Pour les granulats légers on pourra diminuer de 0,03 les valeurs de c : (c_2 = -0.03)
* Pour un dosage en ciment C ≠ 350 kg/m^3 on apportera le terme correctif suivant :
  (c_3 = (C – 350) / 5000).

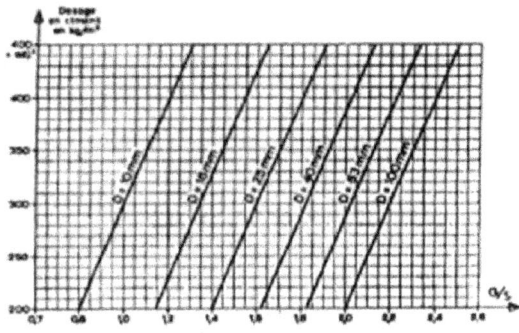

Figure 9: abaque C.E.S.

ANNEXE 5 : ANALYSE DES MATERIAUX.

Tableau 21: Valeurs préconisées pour le module de finesse du sable.

M.F	Qualité du sable
1,2 - 2,2	Sable à majorité fin : facilité de mise en œuvre, au détriment de la résistance.
2,2 - 2,8	Sable préférentiel : ouvrabilité suffisante, bonne résistance avec des risques de ségrégation limitée
2,8 - 3,3	Sable grossier : bétons résistants, mais moins maniables : défaut d'ouvrabilité

Tableau 22: Valeurs préconisées pour l'équivalent de sable.

E.S à vue	E.S piston	Nature et qualité du sable
E.S < 65	E.S < 60	*Sable argileux* : risque de retrait ou gonflement pas bon pour béton de qualité
65 ≤ E.S < 75	60 ≤ E.S < 70	*Sable légèrement argileux* : propreté admissible pour béton de qualité courante (retrait possible)
75 ≤ E.S < 85	70 ≤ E.S < 80	*Sable propre* à faible % de fines argileuses, bon pour béton de haute qualité
E.S ≥ 85	E.S ≥ 80	*Sable très propre* : pas de fines argileuses, ce qui risque en fait d'amener un defaut de plasticité du beton: augmenter le dosage d'eau, donne des bétons exceptionnels de très haute résistance

ANNEXE 6 : PRESCRIPTIONS LORS DE LA MISE EN ŒUVRE.

Fabrication sur le site et Transport

➢ **Approvisionnement et stockage des constituants**

Doit se faire dans des conditions précises, propres et à l' abri de l'humidité.

➢ **Dosage des constituants**

Pondéralement si possible ou volumétrique.

➢ **Malaxage**

Appareil utilisé : bétonnière à axe horizontal.

Paramètres :

- La vitesse de rotation est fonction du diamètre de la cuve, elle est de l'ordre de 15 à 25 tours/min. la vitesse optimale admise pour les bétonnières est de :

$$n = \frac{20}{D} \quad avec \begin{cases} n \approx vitesse\ en\ tr/min \\ D = diamètre\ cuve\ en\ m \end{cases}$$

- La durée de malaxage doit être suffisante pour assurer une bonne homogénéité du mélange. On compte au minimum 1 à 3 minutes avec les bétonnières courantes. Il est préconisé :

$$\begin{cases} t_{min} \approx 90\ D\ (axe\ horizontal) \\ t_{min} = 120\ D\ (axe\ incliné) \end{cases}$$ Avec t en seconde, et D en m.

➢ **Transport du béton**

Il est conseillé de considérer (au chantier) le temps de prise égal au tiers du temps obtenu lors des études surtout en temps chaud, afin d'éviter la chute de l'ouvrabilité de ce dernier.

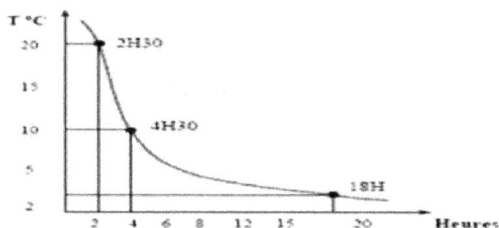

Figure 10: Evolution du temps de prise en fonction de la température.

Mise en œuvre

➢ Coffrages

Les coffrages doivent :

- être suffisamment rigides pour supporter la poussée du béton frais ;
- être étanches pour éviter les fuites de laitance aux joints;
- avoir un parement nettoyé et traite avec un agent de démoulage approprié.

➢ Armatures

Pour éviter leur déplacement pendant la mise en place du béton et son serrage, les armatures doivent être correctement calées et positionnées.

➢ Serrage

Se fait à travers le phénomène de vibration. La vibration est le moyen le plus couramment utilisé pour assurer la mise en place du béton dans les coffrages. Elle a pour effet de liquéfier le béton autour de la zone d'action du vibrateur ce qui réduit considérablement les frottements internes des grains constituant le béton et permet un parfait remplissage des moules.

Ainsi, sous l'effet de la vibration, le béton d'une part est conduit dans les moindres recoins du coffrage, d'autre part son serrage est optimisé d'où un accroissement de sa compacité et par voie de conséquence une amélioration de ses caractéristiques mécaniques et sa durabilité.

Paramètres :

- La vibration interne (méthode la plus usuelle), on utilise des aiguilles vibrantes

électriques, pneumatiques ou thermiques, de 25 a 150 mm de diamètre, en fonction du volume du béton à vibrer ;
- La vibration externe par vibrateurs de coffrage ;
- La vibration externe par règle vibrante.

Temps de vibration :
Le tableau suivant donne la formule empirique permettant d'évaluer le temps total de vibration.

Tableau 23: formule empirique d'évaluation du temps total de vibration.

$$T = \left(\frac{25}{\varnothing}\right)\left(\frac{100}{A+5} + G\right)\left(\frac{V}{10} + 2,5\right)F$$

T=temps total de vibration effective en seconde ;
∅=diamètre de l'aiguille pervibrante ;
A=affaissement au cône, en cm ;
V=volume en litre de la pièce (pour un volume > 2,5l).

G : Coefficient granulaire		
Gravier	Sable	G
Roulé	Roulé	1
Concassé	Roulé	3
Concassé	Concassé	5

F : Coefficient de ferraillage	
ferraillage	F
très dense	1,50
dense	1,35
normal	1,20
faible	1,10
béton non ferraillé	1

L'abaque suivant permet de déterminer le temps de vibration (par aiguille vibrantes, lors de la conception des éprouvettes de béton pour essais de contrôle) en fonction de l'affaissement et la qualité des granulats.

Moule cylindrique de 16 – Aiguille de 25

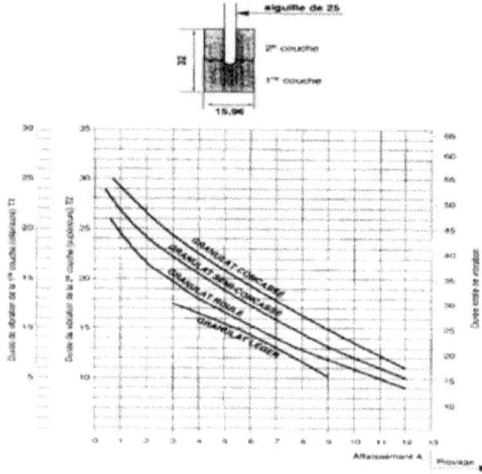

Figure 11: temps de vibration en fonction des granulats et de l'affaissement.

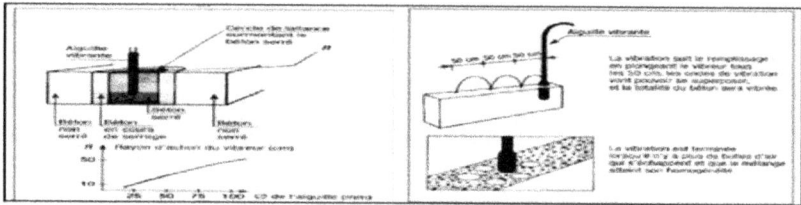

Figure 12: mode d'utilisation d'une aiguille vibrante.

52

➤ Coulage

Précautions à respecter

- Limiter la hauteur de chute du béton dans les coffrages ;
- Prévoir des couches horizontales successives n'excédant pas 60 a 80 cm de hauteur ;
- Maintenir une vitesse de bétonnage aussi constante que possible ;
- Vérifier le bon enrobage des armatures ;
- Eviter la mise en place lors de trop fortes pluies pouvant entrainer un lavage des gros granulats et un excès d'eau dans le béton, surtout à sa surface.

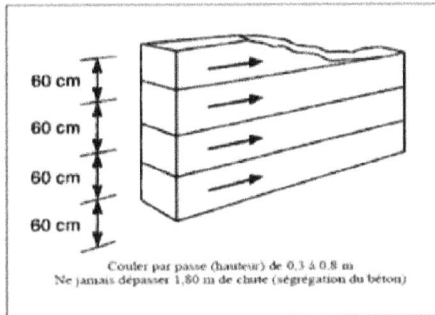

Figure 13: dispositions à prendre pour coulage.

More Books!

Oui, je veux morebooks!

I want morebooks!

Buy your books fast and straightforward online - at one of the world's fastest growing online book stores! Environmentally sound due to Print-on-Demand technologies.

Buy your books online at
www.get-morebooks.com

Achetez vos livres en ligne, vite et bien, sur l'une des librairies en ligne les plus performantes au monde!
En protégeant nos ressources et notre environnement grâce à l'impression à la demande.

La librairie en ligne pour acheter plus vite
www.morebooks.fr

OmniScriptum Marketing DEU GmbH
Heinrich-Böcking-Str. 6-8
D - 66121 Saarbrücken
Telefax: +49 681 93 81 567-9

info@omniscriptum.com
www.omniscriptum.com

OMNIScriptum

www.ingramcontent.com/pod-product-compliance
Lightning Source LLC
Chambersburg PA
CBHW021609210326
41599CB00010B/679